辞海版

小学生新课标必读文库

森林报·冬

senlinbao dong

[苏] 维·比安基 著
华育方舟 编译

U0386302

扫码畅听版

上海辞书出版社

前言

QIANYAN

　　书籍是人类进步的阶梯，读一本好书，就如同和一位高尚的人谈话，能让我们增长见识、拓宽视野、改善思维，树立正确的人生观、价值观、世界观。同时，读一本好书，也能让我们陶冶性情，使我们的心灵得到净化。我们每个人都应该多读书、读好书。阅读，不仅是一种学习方式，更应该成为一种生活方式。随时随地阅读，随时随地捧上一本好书，利用各种空闲时间遨游于书的海洋，相信有这样阅读习惯的人，绝不会是一个愚昧无知、令人感到乏味的人。

　　6～12岁，正是孩子读书和学习的黄金年龄。大量阅读不仅可以让他们增长才干，了解中外文化的精深与差异，感悟先贤哲人的独特哲思，也能让他们逐渐认识自我，逐步具备洞察天地的远见卓识。

　　那么，究竟读什么样的书才能让孩子们受益多多呢？《辞海版小学生新课标必读文库》是专门为这一年龄段的孩子打造的一套阅读丛书，汇聚了古今中外的经典名著，以及成语故事、启蒙故事、童话故事和科学常识等，可谓内容完备，非常适合孩子们阅读。

《森林报》是一部专门记载森林大事的著作。它采用报刊的形式，以轻快的笔调，按春、夏、秋、冬一年四季 12 个月，有层次、有类别地报道了森林中的大事，以及农庄里与城市里的趣闻。森林里的新闻真是一箩筐，麋鹿打架、候鸟搬家、秧鸡徒步返乡……各种树木花草、鸟兽虫鱼都遵循着时令，在各自的领地繁衍生息，上演着一曲曲生命的精彩乐章。其中，《森林报·冬》讲述了 12 月～次年 2 月的森林大事，从大雪降临到忍饥挨饿，再到忍受残冬，动物们承受着严冬的考验，这是一段最难熬的岁月。

《森林报·冬》是一首欢乐的大自然交响曲。孩子们不仅能从这些近似八卦的森林事件中得到欢笑，更能丰富知识，增长见闻。并且，我们会从中发现，每一种生命都是那么活泼与美好，值得我们去探索、去思考、去热爱。

目录
MULU

No.10 银路初现月

No.11 忍饥挨饿月

No.12 忍受残冬月

森林历
SENLIN LI

NO.1 冬眠苏醒月 —— 3 月 21 日到 4 月 20 日

NO.2 候鸟返乡月 —— 4 月 21 日到 5 月 20 日

NO.3 歌唱舞蹈月 —— 5 月 21 日到 6 月 21 日

NO.4 建造家园月 —— 6 月 21 日到 7 月 20 日

NO.5 雏鸟出世月 —— 7 月 21 日到 8 月 20 日

NO.6 成群结队月 —— 8 月 21 日到 9 月 20 日

NO.7 候鸟离乡月 —— 9 月 21 日到 10 月 20 日

NO.8 储备粮食月 —— 10 月 21 日到 11 月 20 日

NO.9 迎接冬客月 —— 11 月 21 日到 12 月 20 日

NO.10 银路初现月 —— 12 月 21 日到 1 月 20 日

NO.11 忍饥挨饿月 —— 1 月 21 日到 2 月 20 日

NO.12 忍受残冬月 —— 2 月 21 日到 3 月 20 日

No.10
银路初现月
YINLU CHUXIAN YUE

12个月的欢乐诗篇
——12月

12月——天寒地冻的月份！它结束了一年，却带来了冬天。现在，所有的事情都办完了：汹涌的河水停止了流动，全部被冰封了起来；大地和森林盖上厚厚的雪被；太阳躲到了乌云后面；白昼逐渐缩短，黑夜越来越长。无数动物、植物的尸体被掩埋在白雪之下，然后化为尘土。但是，生命却没有停止！植物留下了种子，动物产了卵。等到明年春天，太阳就会像《睡美人》里那位英俊的王子一样，用吻唤醒它们！

dōng tiān de shū
冬天的书

大地换上了雪白的冬装。田野和林间的空地，就像一本摊开的大书，平平整整，干干净净的。

大雪下了一整天，到晚上雪停了的时候，这书页还是洁白的一张纸。

经过一个夜晚，第二天你会新奇地发现，原来洁白的书页上，印满了各种各样的符号：条条、点点、圆圈、逗号。很明显，在夜里，某些森林居民来过这里。可到底是哪些居民来过，它们又干了些什么事呢？

快点儿研究一下这些符号吧！快点儿读出

这些神秘的字母吧！不然，再来一场大雪，它们就会被盖住，消失掉了。到时候，你的眼前又会出现一张新的、平展的白纸，就像有人把书翻了一页似的。

另类的读法

对于这些符号，人只有靠眼睛来读。是啊，不用眼睛，难道用鼻子吗？

不过，还真有用鼻子来读的。比如说狗，它只要用鼻子在这些符号上闻闻，就能读出"曾经有一只狼经过这里"或是"一只兔子刚打这儿跑过"。有些动物的鼻子特别灵敏，它们是绝对不会读错的。

各不相同的笔迹

动物们的笔迹都是不一样的。其中，灰鼠的笔迹最好辨认：前面两个小圆点儿，那是它的前脚印；后面长长的，叉得很开，好像两只小手掌伸着细细的手指头，那是它的后脚印。

老鼠的字迹虽然很小，但也很容易辨认。因为它从雪底下爬出来的时候，往往要先兜上一个圈子，然后再朝它要去的地方跑去。这么一来，就在雪地上印上了一长串冒号——冒号和冒号之间的距离都是相等的。

飞禽的笔迹也很好辨认。比如说喜鹊，它的前脚趾是一个小十字，后面第四根脚趾留下的是一个小小的破折号。小十字两旁还有翅膀扫过的痕迹，好像趾头印。

5

这些痕迹都是老老实实的，没有任何花招，所以你一眼就可以看出来：这儿有一只松鼠爬下来，蹦蹦跳跳玩了一会儿，又返回了树上；那儿有一只喜鹊飞过来，尾巴在雪地上抹了一下，然后就飞走了。

可是，并不是所有的森林居民都这样规矩地写字，有好多家伙喜欢在写字时耍耍花招。要是没有丰富的经验，你肯定是读不懂的。

小狗和狐狸，大狗和狼

如果你仔细观察，就会发现狐狸的脚印和小狗的脚印很像。唯一的区别就是狐狸的脚掌是缩作一团的，几个脚

6

趾也并得很紧。而小狗的脚趾头则是张开的,因此它的脚印也相对浅一些。

大狗的脚印则和狼的脚印很像,不过也有一点儿区别。狼的脚掌两边向里收缩,因此它的脚印看起来比大狗的脚印要长一些。另外,狼的前脚掌和后脚掌之间的距离也要比大狗的脚掌印大一些。

一只狼或一只狐狸的脚印很好辨认,但如果是一行行狼或一行行狐狸的脚印,就特别难读懂了。因为狼和狐狸都喜欢在写字时要些花招,故意将自己的脚印弄乱。

狼的花招

当狼一步步往前走,或是一溜儿小跑的时

候，它们的右后脚总是整整齐齐地踩在左前脚的脚印里，而左后脚则整整齐齐地踩在右前脚的脚印里。因此，它们的脚印是长长的，就像一条直线。

如果你看到这样一行脚印，就认为有一只壮实的狼从这里走过去了，那可就错了！因为可能是两只狼，也可能是四只、五只。因为狼在走路的时候，后面一只狼的脚总是踩在前面那只狼的脚印上，而且非常准确整齐。如果不仔细分辨，你绝对想不到会有好几只狼从这里走过。

所以，一定要好好训练自己的眼睛，才能成为一个能在"银砌兽径"（在我们这儿，猎人们把野兽留在雪地上的痕迹称为"银砌兽径"）上追踪野兽的好猎人！

树木过冬

冬天，天寒地冻，树木会不会冻死啊？当然会。如果一棵树整个儿冻透了，连心里都冻了冰，就会死掉。在我们这儿，每年冬天都会冻死许多树木，其中大多是那些小树。不过，对于更多的树木来说，它们自有一套防寒措施。

首先是脱掉树叶。我们都知道，树叶会散发很多热量。所以，一到冬天，树木就会将树叶脱掉，以保持生命所需的热量。另外，这些脱落的树叶积聚在树根底部，慢慢腐烂，也会产生热量，从而保护树根不受伤害。

其次就是为自己准备一套盔甲。每到夏天，树木都会在树干和树枝的表皮下储存木栓组织。木栓不透水，也不透气，就像一层甲胄，

将树木中的热量阻挡住，不使它们向外发散。

树的年龄越大，它的木栓组织就越厚，因此那些老树的抗寒能力要比那些小树强得多。

如果这个冬天实在冷，把这层甲胄也穿透了，那也不用担心。因为在树木的机体里，还有一道化学防寒线，那是积聚在树液里的各种盐类和淀粉，它们都有很强的防寒功能。

不过，除了本身这些防寒措施，树木最好的防寒设备还是雪被。冬天，厚厚的白雪像一床巨大的鸭绒被，将森林覆盖起来。藏在这层雪被下面，不管天气有多冷，树木们都不用害怕了！

sēn lín dà shì diǎn
森林大事典

bù qiú shèn jiě de xiǎo hú li
不求甚解的小狐狸

zài lín zhōng kòng dì shang　　yī zhī xiǎo hú li kàn dào le jǐ háng xiǎo
在林中空地上，一只小狐狸看到了几行小

lǎo shǔ liú xià de zì jì　　tā bù jīn xiào qǐ lái　　　hā hā　　zhè huí
老鼠留下的字迹，它不禁笑起来："哈哈，这回

yǒu hǎo dōng xi chī le　　tā zhǐ gù gāo xìng　　jǐn cū lüè de qiáo le jǐ
有好东西吃了！"它只顾高兴，仅粗略地瞧了几

yǎn　　jiù qiāo qiāo de xiàng guàn mù cóng zhōng zǒu qù　　tā gēn běn méi yǒu yòng
眼，就悄悄地向灌木丛中走去。它根本没有用

bí zi hǎo hǎo wén wen　　gāng gāng dào dǐ shì shéi lái guo zhèr
鼻子好好闻闻，刚刚到底是谁来过这儿！

zǒu le jǐ bù　　tā kàn dào xuě dì shang yǒu gè xiǎo dōng xi zài màn
走了几步，它看到雪地上有个小东西在慢

màn rú dòng　　yī shēn huī bu liū qiū de pí máo　　tuō zhe yī tiáo xì xì de
慢蠕动：一身灰不溜秋的皮毛，拖着一条细细的

xiǎo wěi ba　　xiǎo hú li xiǎng dōu méi xiǎng　　měng
小尾巴！小狐狸想都没想，猛

de pū shàng qù　　yī bǎ zhuā zhù nà ge xiǎo dōng
地扑上去，一把抓住那个小东

xi　　dī tóu jiù shì yī kǒu
西，低头就是一口！

哎呀！呸！呸！什么东西！真恶心！它立刻将那个小东西吐出来，跑到一旁用雪漱起口来。雪地上，一只死去的小兽软绵绵地躺在那儿。

这哪儿是老鼠啊，原来是一只鼩鼱！从远处看，它的确很像一只小老鼠。可走到跟前，你就分辨出来了。鼩鼱的脸长长地戳出来，脊背也是高高拱起的。它是老鼠的近亲，是一种小型肉食动物！凡是有经验的野兽，都不会去碰它的，因为它能发出一股很难闻的气味！

吓人的脚印

我们的森林通讯员在树底下发现了一些脚印。脚印本身倒不大，和狐狸的差不多，但又直又长，尖端像钉子似的，看着真叫人害怕！

你想想，要是不小心被有这种脚印的脚爪抓上一把，你肯定会血流不止的！

我们的通讯员小心翼翼地沿着这些脚印走过去，一直走到一个很大的洞口前。在那儿的雪地上，散落着许多细毛，有黑色的，也有白色的。

我们的通讯员捡起几根，发现这毛硬硬的，弹性也很好。他们马上明白了，这是獾留下的，它就住在这个大洞里。獾是一个阴沉的家伙，不过并不太可怕。现在，它应该正躺在洞里睡大觉呢！我们的通讯员猜想，也许是因为天气暖和，那是它出来溜达时留下的脚印吧。

雪被下的鸟群

一只兔子在沼泽地上跑来跑去，从这个草

墩子跳到那个草墩子，又从那个草墩子跳到这个

草墩子。突然，"扑通"一声，它掉到了雪里！

霎时间，从它周围的雪底下冲出许多雷鸟，噼

里啪啦地扑打着翅膀！兔子吓坏了，叽里咕噜地

爬出雪洞，撒腿就朝森林里跑去。

原来，雷鸟的家就安在沼泽地的雪被下面。

白天，它们飞出来，挖雪里的蔓越橘吃，晚上

再钻回雪底下。在那里，它们既安全，又暖和，

还有什么比这更惬意的？

雪海里的秘密

刚刚入冬，雪下得还不是很厚，这个时候，

野兽最倒霉了！地面上光秃秃的，没有任何可

以遮风挡雪的东西。地洞里也冷起来了，土被

14

冻得像石头一样，就连挖洞能手鼹鼠也受不了了。它的脚爪虽然像铁锹一样，但要想挖开那冻得硬邦邦的土，也是相当费力的，更别提那些老鼠、田鼠、伶鼬和白鼬什么的了。唉，什么时候才能下大雪呢？

盼啊，盼啊！终于，大雪来了，纷飞的雪花飘个不停，好像一片雪海，将大地掩埋起来。人要是不小心走进去，那雪准能没到膝盖。

这个时候，最舒服的地方就是雪海底下了，既温暖，又干燥。琴鸡、榛鸡、松鸡，纷纷扎进雪堆里。老鼠、田鼠、鼩鼱都从自己的地下住宅钻出来，在这片雪海底下钻来钻去。雪白的伶鼬，不知疲倦地一会儿钻到这儿，一会儿又钻到那儿，神不知鬼不觉地奔向那些藏在雪底下的

niǎor men de gēn qián
鸟儿们的跟前。

xǔ duō xué jū de lǎo shǔ　　yě fēn fēn bǎ zì jǐ de cháo xué bān dào
许多穴居的老鼠，也纷纷把自己的巢穴搬到

le xuě dǐ xia　　wǒ men de tōng xùn yuán hái fā xiàn　　yī duì duǎn wěi ba tián
了雪底下。我们的通讯员还发现，一对短尾巴田

shǔ jìng rán bǎ cháo xué gài zài yī kē fù gài zhe hòu hòu de bái xuě de guàn mù
鼠竟然把巢穴盖在一棵覆盖着厚厚的白雪的灌木

zhī shang　　cháo li　　hái yǒu jǐ zhī gāng chū shēng de xiǎo tián shǔ　　shēn shang
枝上。巢里，还有几只刚出生的小田鼠，身上

guāng liū liū de　　yǎn jing hái méi yǒu zhēng kāi ne
光溜溜的，眼睛还没有睁开呢！

dōng rì de zhōng wǔ
冬日的中午

zhè shì zhēng yuè li de yī gè zhōng wǔ　　yáng guāng càn làn　　yǎn cáng
这是正月里的一个中午，阳光灿烂，掩藏

zài bái xuě xià de sēn lín　　jì jìng wú shēng　　xióng zhèng duǒ zài yǐn mì de
在白雪下的森林，寂静无声。熊正躲在隐秘的

dòng xué li hū hū dà shuì ne　　zài tā de tóu dǐng shang　　shì bèi xuě yā
洞穴里呼呼大睡呢。在它的头顶上，是被雪压

wān le de qiáo mù hé guàn mù　　zài zhè xiē qiáo mù hé guàn mù zhī jiān　　yǐn
弯了的乔木和灌木，在这些乔木和灌木之间，隐

yǐn yuē yuē kě yǐ kàn dào xǔ duō xiǎo qiǎo de zhù zhái　　gǒng xíng de yuán dǐng
隐约约可以看到许多小巧的住宅：拱形的圆顶、

wān qū de kōng zhōng zǒu láng　　jīng zhì de xiǎo chuāng hu　　yī yīng jù quán
弯曲的空中走廊、精致的小窗户，一应俱全。

一只小巧玲珑的鸟，不知道从哪儿钻了出来，扑扇着翅膀，飞到了云杉顶上，发出一阵阵婉转的啼叫声，响彻了整个森林。

这时，从那隐藏于白雪底下的小窗口里，突然冒出来一双绿莹莹的眼睛，那眼神好像在询问："是春天提前来临了吗？"

这是熊的眼睛。这个大家伙，总是在自己洞穴的墙壁上，留下一扇小窗户，以便在发生意外的时候向外观察。还好，没有什么动静，一切都平平安安的。于是，它又缩了回去，继续睡大觉了。

在冰雪覆盖的树枝上，那只小鸟跳了一会儿，又钻回盖着雪被的树根底下。那里，有一个用柔软的青苔铺成的窝，暖和着呢！

在集体农庄里

在这样寒冷的天气里，树木也熟睡了！林子里，到处都是"咯吱咯吱"的锯子声。整整一个冬天，人们都在忙着砍伐树木。道理很简单，冬天的树木是最好的——既干燥，又结实。

那些被砍下来的木材，会被搬到河边，好让它们能在春天的时候顺着春水漂出去。现在，人们正不停地往积雪上浇水，好让雪水能够形成冰路，运送木材。

灰山鹑已经搬到了打谷场附近。现在，它们经常飞到村子里找吃的，因为要想扒开厚厚的白雪，寻找雪地下的食物并不那么容易。再

18

说，即使扒开了积雪，下面还有一层厚厚的冰，要想敲开它们，那可是难上加难。

这个时候，要想捉住这些灰山鹑，是件很容易的事。不过，并没有人这么做，因为在这个季节，法律是不允许人们猎杀这些软弱的鸟的。不但如此，那些聪明而细心的猎人还要帮助这些鸟呢。他们会用云杉枝在田野里搭许多小棚子，在里面撒上燕麦和大麦。这样一来，即使在最寒冷的冬天，这些灰山鹑也不至于忍饥挨饿而被冻死。

农庄新闻

耕地还是耕雪

昨天，我到"闪光"集体农庄去看望一位老同学——拖拉机手米沙。

我敲了敲门，开门的是米沙的妻子——一个很爱开玩笑的女人。"米沙还没回来呢，"她告诉我，"他在耕地呢。"

"又和我说笑了。"我心想。可这玩笑也未免太不切合实际了，就是幼儿园的孩子也知道，现在这季节，怎么能耕地呢？

于是，我也用开玩笑的口吻问道："难道他是在耕雪吗？"

"当然了，不耕雪还能耕什么？"米沙的妻子回答，"就在前面的田里。"

于是，我往田里走去。

米沙果真在那儿开着拖拉机，拖拉机后面拖着一块长长的木板，木板将厚厚的积雪拢到一起，堆成一道结实的雪墙。

"米沙，你这是在干什么？"

"做挡风的雪墙啊！如果不堆这么一道墙，风就会把雪吹跑的。没了雪的保护，田里的秋播作物都会冻死的。所以，我就在用'耕雪机'耕雪呢。"米沙笑着说。

严格的作息时间

现在，即使集体农庄的牲口，也都按照严

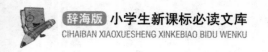
格的作息时间吃饭、散步、睡觉。这是四岁的女庄员玛莎告诉我的。她说："我和我的小朋友都上幼儿园了。我想,那些牛和马也应该上幼儿园。我们去散步的时候,它们也散步。我们回家了,它们也会回家。"

绿色保护带

沿着铁路线,种着一排排亭亭玉立的树木,就像一条绿色的带子,保护着铁路。每年春天,铁路职工们都要栽下许多树木,让这条带子变得更长。

据说,仅今年一年,他们就种下了 10 万棵云杉、槐树、白杨树和将近 3000 棵果树。

chéng shì xīn wén
城市新闻

guāng jiǎo zài xuě dì shang pá
光脚在雪地上爬

这是一个阳光灿烂的日子，温度表上的刻度升到了零度以上。在花园里、公园里和林荫路上，出现了许多没有翅膀的小苍蝇。它们在雪地上爬来爬去，直到太阳落山，才钻回到那些僻静、暖和的角落里或是铺满落叶和青苔的缝隙里。

　　奇怪的是，在它们爬过的地方，光秃秃的，并没有留下脚印。道理很简单，因为它们的身子很小，况且，它们是光着脚的，当然也就没脚印了。

鸟的天堂

埃及是鸟的天堂。那里有汹涌奔腾的尼罗河，在河水泛滥的地方，遍布着牧场和农田，数不清的湖泊和沼泽点缀其间，有咸水的，也有淡水的。在这些地方，到处都有食物，可以款待千千万万只鸟。每到冬天，我们这儿的许多鸟都飞去尼罗河过冬，再加上那些本地的鸟，拥挤的情形真是难以想象，就好像全世界的鸟都聚集到了那儿。

聚集在湖上和尼罗河支流上的是水禽，它们密密匝匝地挤在一起，把水面都遮住了。嘴巴下长着个大口袋的鹈鹕和我们这儿的小水鸭一起捉鱼；刚从列宁格勒飞过来的鸥在漂亮的长脚红鹤中踱来踱去；要是出现了羽毛斑斓的非洲乌雕或是我们这里的白尾金雕，它们准会四散奔逃的。

如果有人恶作剧放上一枪，那情形更会让人吃惊！千百万只形形色色的鸟冲天而起，在空中形成一片巨大的黑影，连太阳都给遮住了！而那喧嚣声就像几千面大鼓同时敲响，震得你的耳朵都会嗡嗡作响。

南非发生的大事

在南非发生了一件轰动一时的大事。一群白鹤从空中飞过，人们发现，在鹤群中有一只白鹤的脚上套着一个白色的金属环。于是，人们将这只白鹤捉住，这才看清，金属环上还刻着字："莫斯科，鸟类学研究委员会，A组第

195 号。"

后来，这则消息被刊登到报纸上，我们这才知道，前些时候从我们这儿飞走的那些白鹤是在哪里过冬的。

在世界各国，科学家们就是用这个方法，来研究那些关于鸟类的奇奇怪怪的秘密的。例如，它们在什么地方过冬，一路上要经过哪些地方，等等。

如果有谁发现了这种脚上戴着脚环的鸟，并且看清楚了脚环上的字，就应该通知那个科研机构，或是将这件事刊登在报纸上。

shòu liè
狩猎

这天早上，塞索伊奇刚走出家门，就发现远处的田野上，一行整整齐齐的狐狸脚印伸向了远方。这位小个子猎人不慌不忙地走过去，蹲在脚印边，把手指伸到脚印里比画了一下，沉思了一会儿，然后套上滑雪板，顺着脚印追了过去。他一会儿进入灌木丛，一会儿又出来，想一会儿，再滑进去。两个钟头后，塞索伊奇已经围着林子转了一圈。他从林子的一头钻出来，向另外一位猎人——谢尔盖家滑去。

谢尔盖的母亲远远地看到他，便从屋子里走出来，说："我儿子不在家，也没告诉我他去哪

儿了。"塞索伊奇知道这位老太太在捣鬼,于是笑了笑,说:"我知道他在哪儿。"说着转身朝安德烈家滑去。

果然,在安德烈家,他看到了这两个年轻的猎人。两个人正在谈论着什么,看到塞索伊奇走进来,同时停住了嘴,一脸尴尬的神情。谢尔盖从板凳上站了起来,扭着身子想遮住身后一个挂着小红旗的卷轴。

"得了,孩子们,别偷偷摸摸的了。我都知道了。"塞索伊奇说,"昨天晚上,集体农庄的一只肥鹅被狐狸给拖走了。那狐狸现在在哪儿,我也知道。"这几句话,让两个猎人听得目瞪口呆。因为还是在半个小时前,谢尔盖碰到一个农庄的庄员,才知道昨天夜里,他们那儿被

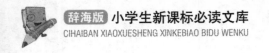

狐狸拖走了一只鹅。谢尔盖听到这个消息，就回来找安德烈，商量着去寻找那只狐狸，免得被塞索伊奇抢了先。谁知道，他们还没商量出个眉目，塞索伊奇就来了，而且什么都知道了。

"准是老太太告诉你的！"安德烈说。

"哼，老太太恐怕一辈子也搞不清这些事的。是我自己看脚印看出来的。"塞索伊奇冷笑道，"现在我就给你们讲讲。这是一只个头儿很大的老公狐狸，胖胖的，毛皮很厚。它走起路来很稳，不像小狐狸那样把雪都踩乱了。它拖着那只鹅，从农庄出来，走到一处灌木丛里，将鹅吃了。我已经找到了那个地方。"

安德烈和谢尔盖对望了一眼，那神情分明是在说："怎么？难道这些都写在脚印上了吗？"

塞索伊奇看出了他俩的怀疑，接着说："如果是一只瘦狐狸，那它身上的毛皮肯定很薄，也没有光泽。可老狐狸就不同了，它生性狡猾，养得肥肥的。当然，它的脚印和瘦狐狸的也不同。它吃得饱，因此走起来步子很轻，也很灵巧，就像猫一样。它的步子也是整整齐齐的，后面的脚印总是踩在前面的脚印上。这会儿，像这样一只老狐狸，在列宁格勒的收购站，可是能卖个大价钱呢！"

说到这儿，塞索伊奇停住了。安德烈和谢尔盖瞧了瞧他，走到墙角，小声嘀咕了一会儿，这才走过来，对塞索伊奇说："好吧，塞索伊奇，干脆和你直说吧，我们也得到了消息，连小旗子都准备好了。你要是愿意，咱们就一起干！"

"好啊。"小个子猎人说,"第一次围攻,如果打死它算你们的。可要是让它跑了,那就别想着有第二次围攻了。这只老狐狸很狡猾,又不是我们本地的。咱们本地的狐狸,没有这么大个儿的。还有,小旗子还是留在家吧,这只狐狸,让人家围猎肯定不止一次两次了,可它还活着呢!"可是,谢尔盖和安德烈还是坚持要带上小旗子,他们说,这样会稳妥些。

"随你们的便,你们愿意怎么办就怎么办吧。"塞索伊奇说。

谢尔盖和安德烈立刻行动起来,将挂满小旗子的卷轴搬到雪橇上。趁着这个机会,塞索伊奇叫来了五个农庄的庄员,请他们帮忙。

"我们这是去打狐狸,不是去打兔子。兔

子总是稀里糊涂的，可狐狸不一样，只要被它看出一点儿苗头，它就会逃得无影无踪的！到那时，就是找上两天，也别想把它找出来。"说话间，一行人已经来到狐狸藏身的那片小树林。

他们立即分散开来：围猎的人站在林子周围，谢尔盖和安德烈带着卷轴，沿着林子挂起小旗子。塞索伊奇则带着另外一个卷轴走向右边。

"你们可得留神点儿。"塞索伊奇提醒他们，"注意看有没有走出林子的脚印。还有，动作要轻，别弄出声响。老狐狸可精着呢，一点儿声音都会让它采取行动。"过了一会儿，包围线布置好了，三个猎人在林子边碰了头。

"都弄好了，只留下一个150步的通道。"谢尔盖和安德烈对塞索伊奇说，"还有，我们仔

细瞧过了，没有走出林子的脚印。"

"好。"塞索伊奇说，"你们最好站在什么地方守候。"说着，他踏上滑雪板，朝围猎的人们滑去。不一会儿，围猎开始了。塞索伊奇带着围猎的庄员，向林子里走去。他们一边走，一边用木棒敲着树干。林子里很安静。塞索伊奇走在中间，一边照料着这条狙击线，一边等着两个青年猎人的枪声。可他已经走到了林子中间，还是没有听到枪响。

"怎么回事？它早该跑出来了！"塞索伊奇一边走，一边想。已经到了树林边了，安德烈和谢尔盖从藏身的地方走了出来。

"没出来吗？"塞索伊奇问。

"没瞧见！"两个人回答。

塞索伊奇不再说话，转身朝包围线跑去。

不一会儿，传来他气急败坏的喊声："喂！到这儿来！"大伙儿都跑了过去。

"你们说没有走出林子的脚印，那这是什么？"塞索伊奇生气地朝两个年轻猎人喊道。

"兔子的脚印啊。"两个人异口同声地说，"刚刚包围的时候，我们就已经看到了。"

"那兔子脚印里头呢？我早跟你们说过了，这是只老狐狸，狡猾着呢！"

两个猎人蹲下身子，在兔子的后脚印里，隐约可以看出还有另外一种脚印——圆圆的，短短的，正是狐狸的脚印！

"难道你们不知道吗？狐狸为了掩盖自己的脚印，常常踩着其他动物的脚印走。"塞索伊奇气得直冒火，"你们这两个家伙，浪费了多少时间啊！"说完，他顺着脚印跑了下去。其余的人默默地跟在他的后面。

进了灌木丛，狐狸的脚印就和兔子的分开了。这时，谢尔盖和安德烈才知道这只狐狸有多狡猾了。雪地上到处都是绕来绕去的脚印。他们顺着这些脚印走了好半天，什么也没找到。大家都有些灰心。

突然，塞索伊奇停住了。他指着不远处另外一片小树林，低声说："它在那儿！前面5000米的地方都是平地，没有树丛，也没有溪谷，它

37

不会冒险穿过这么一大片空地的！我拿脑袋打

赌，它准在那儿！"听了这话，大家一下子振奋

起来！塞索伊奇吩咐谢尔盖和安德烈带着人分别

从左右两边包抄，自己则走进林子。他知道，在

林子中间有一小块空地，狐狸绝对不会待在那

种没遮拦的地方。但是，不论它从哪个方向穿

过小树林，都得经过这块空地。在这块空地的

中央，有一棵高大的云杉，旁边还有一棵枯死

的白桦树，倒在云杉粗大的枝干上。塞索伊奇的

脑子里突然闪过一个念头："顺着这棵白桦树爬

到云杉上，这样，居高临下，不管狐狸往哪儿

跑，都能看得到。"可是马上他又打消了这个

念头。因为趁他爬树的工夫，说不定狐狸就会跑

过去。再说，在树上开枪，也不方便。

这时，周围响起了围猎人低低的呼喝声。

塞索伊奇满心以为，那只狐狸就在附近，而且随时都会出现。可当一团棕红色的皮毛在树丛间闪过时，他还是紧张了一下。但他立即发现，那只是一只兔子。呼喝声越来越近了，兔子已经跳进了密林，不知去向了。突然，从左右两边各传来一声枪响。塞索伊奇舒了一口气，放下了枪。"不是谢尔盖，就是安德烈，反正总有一个人把那只狐狸打死了。"

不一会儿，谢尔盖一脸尴尬地走了出来。

"没打中？"塞索伊奇问。

"在灌木后面，怎么打得中……"

"在我这儿。"背后传来安德烈笑嘻嘻的声音。他走过来，把一只打死的兔子扔到塞索伊奇面前。

"好啊！运气不错。现在，大家回家吧！"塞索伊奇讥讽地说。

"狐狸呢？"谢尔盖问。

"你看见狐狸了吗？"塞索伊奇反问道。

"没有。我刚才打的也是兔子。它就在灌木后面……"

塞索伊奇挥了挥手，大家一起朝林子外走去。塞索伊奇走在最后。天还没有全黑，他看得很清楚，狐狸和兔子进入空地的脚印清清楚楚地印在雪地上。可出了空地，两种脚印就全都消

失了！

"难道这只狐狸在空地上打了个洞，藏在里面？"

塞索伊奇有些想不通了。这会儿，天已经黑了，塞索伊奇只好回家去了。

第二天一早，

塞索伊奇又来到那块空地。他看到：一行狐狸的脚印从空地里延伸了出来。

塞索伊奇顺着脚印一直走到空地中央，只见一行整整齐齐的脚印顺着倾倒的白桦树上去，消失在云杉茂密的枝叶间。在那儿，距离地面大约8米高的地方，树枝上的雪已经没了，很明显，曾经有野兽在那里过过夜。塞索伊奇终于明白了，昨天，他在这里守着的时候，那只狐狸就躺在他的头上。

无线电通报：呼叫东西南北

我们是《森林报》编辑部。今天是 12 月 22 日——冬至，这是一年之中白昼最短、黑夜最长的一天。现在，我们要向全国各地进行今年最后一次无线电通报。苔原、草原、沙漠、森林、山岳、海洋，请你们讲讲，你们那里发生了些什么事情？

这里是北冰洋群岛

在我们这儿，太阳已经落到海洋里去了。在春天来临之前，它不会再出来了。不过，即使没有太阳，我们这里也挺亮的。因为第一，月亮没

有休息，该出来的时候一刻也不差；第二，我们

这儿常有北极光。这种神奇的光，色彩缤纷，

变化无穷：一会儿像飘动的丝绸，沿着北方的

天空铺展开来；一会儿又像飞泻的瀑布，从天

空直泻而下，把四周照得几乎和白昼一样。

这里是新西伯利亚大森林

在我们这儿，雪已经积得很厚了。猎人们踏

着滑雪板，带上猎狗，拖着一辆辆满载着食物

和其他生活必需品的雪橇，成群结队地进入大

森林。

在那里，有数不清的淡蓝色的灰鼠、珍贵的

黑貂、毛茸茸的猞猁狲、硕大的麋鹿、雪白的白

鼬和无数火红色的火狐和棕黄色的玄狐，以及

měi wèi de zhēn jī hé sōng jī
美味的榛鸡和松鸡。

zài zhèr　　liè rén men
在这儿，猎人们

yào dāi shàng jǐ gè yuè　máng zhe zhāng
要待上几个月，忙着张

wǎng　shè xiàn jǐng　bǔ zhuō gè zhǒng gè
网、设陷阱，捕捉各种各

yàng de fēi qín zǒu shòu　tā men zhè me
样的飞禽走兽。他们这么

zuò shí　nà xiē liè gǒu yě méi
做时，那些猎狗也没

xián zhe　tā men dōng wén wen
闲着，它们东闻闻、

xī kàn kan　xún zhǎo sōng jī　huī shǔ　mí lù huò zhě shuì de zhèng xiāng
西看看，寻找松鸡、灰鼠、麋鹿或者睡得正香

de xióng
的熊。

dāng liè rén men huí jiā de shí hou　měi gè rén de xuě qiāo shang dōu
当猎人们回家的时候，每个人的雪橇上都

zhuāng mǎn le liè wù
装满了猎物。

zhè lǐ shì dùn bā sī cǎo yuán
这里是顿巴斯草原

wǒ men zhèr　yě zài xià xuě ne　bù guò wǒ men kě bù zài hu
我们这儿也在下雪呢！不过我们可不在乎！

我们这儿的冬天不长，也不可怕，甚至很多河流都不结冰。许多鸟都来我们这里过冬了。秃鼻乌鸦从北方飞来，雪鸮、角百灵从苔原飞来。在这里，它们可以一直住到明年三月份，而且不用为食物操心。因为我们这儿有的是吃的！

这里是卡拉库姆沙漠

我们这里又像夏天那样，变得死气沉沉了。所有的飞禽都飞走了，所有的走兽也都逃掉了。鸟飞到了温暖的地方，野兽也躲了起来。乌龟、蜥蜴、蛇，甚至老鼠、跳鼠，都钻进了深深的沙子里，冬眠了！只有太阳，徒劳地照着这片死寂的土地。凶猛的风在旷野里肆意游荡，现在，没有谁来阻止它了。这个季节，它才是沙漠的主人，不过，这种情形不会持续很久的。

我们正在植树造林，开凿水渠。过不了多久，

这里就会出现一片绿洲！

这里是高加索山脉

在我们这儿，夏天里有冬天，冬天里也有夏天。在高耸入云的山顶上，覆盖着厚厚的冰雪，即使夏天灼热的阳光，也融化不了它们。不过，在谷地和海滨，却四季如春，即使冬天的寒风也不能让那些花凋落。你看，果园里，我们刚刚摘下橘子、橙子和柠檬。花园里，还盛开着玫瑰。

向阳的山坡上，第一

批春花已经盛开。

即使是那些动物，也不必担心冬天。因为，它们只要从山顶上搬到山脚下就行了。在那儿，雨温柔地下着，到处都是吃的！

这里是黑海

在我们这儿，暴风的季节已经过去了。海浪轻轻地拍打着海岸，一弯细细的月牙映在蔚蓝的海面上。这里是没有真正的冬天的，只是海水会变得凉一点儿，再就是北海岸一带，会结一层薄冰，但很快就会融化。所有的生命都在狂欢：海豚在水里嬉戏，鸬鹚钻进钻出，海鸥在空中盘旋，各种船只在海面上穿梭不息。在我们这里，冬天并不比任何一个季节寂寞。

No.11
忍饥挨饿月
RENJI AIE YUE

12个月的欢乐诗篇

——1月

1月——沉睡不醒月！用我们的话来说：它是一年的开始，冬天的中心！大地、森林和水——所有的一切，都被白雪覆盖了！花草树木停止了生长，动物钻进了巢穴，生命陷入了沉睡。可是，在这片死气沉沉中，却蕴藏着顽强的生命力。草儿紧紧地贴着地面，伸出叶子裹住它们幼小的芽儿；松树和云杉把它们的种子紧紧地握在密不透风的球果里，保存得好好的。纤小的老鼠从窝里钻出来，在雪地上跑来跑去！而睡在深深的熊洞里的母熊，甚至产下了一窝小熊！

森林大事典

光秃冰冷的森林

不管怎么样，1月还是个难熬的月份！刺骨的风在大地上横冲直撞，冲入光秃秃的树林，钻进鸟儿的羽毛，把它们的血液都冻住了！到处都是白雪，这些可怜的小家伙，只能不停地跳着、飞着，想办法取暖。这个时候，谁要是有个暖和的巢穴，有间堆满食物的仓库，那它一定是世界上最幸福的了！它可以吃得饱饱的，然后把身子一缩，蒙起头来大睡。

对于飞禽走兽来说，只要吃饱了，就什么都不怕了。一顿丰盛的食物可以使它们的全身发

热。那时，即使寒风透过皮毛，也不会伤害到
它们了！可是，林子里空荡荡的，到哪儿去找
吃的呀？真冷啊！真饿呀！一只乌鸦发现了一具
马的尸体，它呱呱地叫起来。不一会儿，飞来一
大群乌鸦，落下来，准备饱餐一顿。这时，天已
经黑了，月亮出来了。突然，有谁在林子里叹了
一口气，"呜……呜呜……"乌鸦扑扇着翅膀飞

走了！一只雕鸮从林子里飞出来，落在马尸上。

它张开钩子似的大嘴，刚撕下一块肉。忽然听到雪地上发出一阵沙沙的脚步声。

雕鸮赶紧飞到了树上，一只狐狸出现在林子边。可狐狸还没吃饱，狼来了。狐狸逃进灌木丛，狼扑到马尸上，大口吃起来。它吃得心满意足，喉咙里呼噜呼噜直响。突然，一声怪叫从远处传来，狼立刻停住嘴，侧耳听了听，便夹起尾巴，一溜烟逃走了。原来，是森林的主人——熊出来了。这回，谁也别想走近了！直到黑夜将尽，熊才吃饱喝足，睡觉去了。这时，狼又悄悄地走了出来。它也吃饱走了。之后，出现的是狐狸。狐狸吃饱了，雕鸮又飞了过来。雕鸮吃饱了，又轮到了乌鸦。

天亮了，森林里又恢复了寂静，只有一些残余的骨头留在雪地上。

芽儿在哪里过冬

现在，所有的植物都处于昏睡状态。不过，它们早就准备好了芽儿，等待春天的到来。

可是，在冬天，这些芽儿在哪儿过冬啊？

不用担心，它们当然有地方了。树木的芽儿，大多躲在高高的枝丫上过冬。而那些草的芽儿，也都有自己过冬的方式。比如林繁缕的芽儿躲在枯茎的叶脉里，而卷耳、石蚕草以及其他一些矮小的草，则将芽儿藏到了雪底下。这些芽儿，虽然样子不同，但都是在距离地面远一点儿的地方过冬。

可还有些芽儿，不管多么寒冷，都是紧挨着地面过冬的。比如艾蒿、牵牛花、金藤和立金花，它们的叶子早就腐烂了，可在紧挨地面的地方，你却可以看到它们的芽儿。

蒲公英、首蓿、草莓的芽儿，也在地面上。不过，这些芽儿都由一层厚厚的绿色叶子包裹着。

另外，还有许多别的草，将芽儿藏在地面下过冬。如铃兰、鹤舞草、鹅掌草，它们的芽儿藏在地下的根状茎上；而野大蒜、野大葱的芽儿，则藏在鳞茎里。

不速之客

在饥饿难熬的岁月里，许多飞禽走兽开始

往人们的住宅附近靠近，因为在这里比较容易找到食物。饥饿使它们忘记了恐惧。这些原本很胆小的小东西，变得不再怕人了。黑琴鸡和灰山鹑悄悄地搬到了打谷场和谷仓，兔子也迁徙到村边的干草垛。

有一天，在我们《森林报》的通讯员住的小木屋里，竟然飞进来一只荏雀。它的羽毛是黄色的，胸脯上长着黑色的条纹，白色的脸颊，看起来很纤巧。它丝毫不理会屋主人，径自飞到餐桌上，啄起了上面的食物碎屑。

我们的通讯员轻轻关上门，那只荏雀就这样被留在了小木屋里。没有人惊动它，也没有人喂它，可是，这个小家伙还是一天天胖了起来。屋子里有很多吃的东西：墙角里的蟋蟀、木板缝里的苍蝇、桌子上的饭粒和面包屑。吃饱喝足后，它就会躲进火炕后的裂缝里呼呼大睡。

几天后，屋子里的苍蝇、蟋蟀都被它啄光了。它开始啄起别的东西：书、小盒子、软木塞、刚烤出来的面包。不管什么东西，只要落到它的眼里，准会被啄坏。

我们的通讯员只好打开房门，把这位不速之客撵了出去。

野鼠搬出森林了

现在，那些住在林子里的野鼠，它们的粮仓已经空了，为了躲避白鼬、伶鼬和其他食肉动物，也为了找到一些食物，它们也搬出了自己的洞穴。

这会儿，大地上都是白雪，没有任何吃的东西。于是，野鼠开始向人们的谷仓转移。这个时候，你可要小心了，要保护好自己的粮食，别让这些坏家伙钻了空子！

不服从法则的居民

现在，森林里所有的居民都在因为严寒而受罪。没办法，森林里的法则就是这样的：冬天，森林居民要做的就是千方百计逃过寒冷和饥饿的威胁，至于其他事，比如孵育下一代，想都不要想。等到了夏天，天气暖和，食物也充足，那才是孵化雏鸟的时节。可是，在冬天，谁要是不怕冷，又有足够的食物，是不是就不用服从这个法则了？

我们的通讯员在一棵高大的云杉上找到了一个鸟巢。巢架在铺满积雪的树枝上，铺着柔软的羽毛和兽毛，几个小小的鸟蛋安静地躺在里面。看来，真的有不服从法则的居民！

过了两天，我们的通讯员又来到那棵云杉下。那时候，天冷得要命，他们穿着厚厚的大衣，戴着暖和的皮帽子，鼻子还是冻得通红。可是，当他们往巢里看时，发现里面的蛋已经没了，几只浑身赤裸裸的小雏鸟躺在里面，眼睛还是闭着的呢！你可能会说，怎么会有这样的怪事呢？其实，这一点儿也不奇怪。这是一对交嘴雀的巢，里面是它们刚出生的孩子。

交嘴雀是大多数人对它们的称呼，但在我们列宁格勒，大伙儿都喜欢叫它们"鹦鹉"。

因为它们像鹦鹉一样，有一身颜色鲜艳的外衣。不过，雄交嘴雀的外衣是红色的，有深有浅；而雌交嘴雀和幼鸟的外衣则是黄色和绿色的。另外，它们还喜欢在细木杆上爬上爬下，转来转去，这一点也和鹦鹉很像。

这种鸟，最大的特点就是既不害怕严寒，也不担心挨饿。春天，所有的鸣禽都成双结对，选好各自的住宅，安顿下来，直到雏鸟出生。可交嘴雀却不这样。一年四季，你都可以看到它们成群结队，满树林子乱飞，从这棵树到那棵树，从这片林子到那片林子，从来不会在一个地方耽搁很久。更奇怪的是，在这些流浪的鸟群里，无论什么季节，你都可以看到许多雏鸟夹在那些老鸟中间飞行。这时，你甚至会怀疑：它们是不是一边飞行一边孵化下一代呢？

比这更奇怪的是交嘴雀的嘴，这张嘴上下交叉，上半片往下弯，下半片往上翘。它们所有的本领，都来自于这张嘴，它们身上蕴藏的一切秘密，也都可以从这张嘴巴上找到答案。

小交嘴雀刚出生的时候，嘴巴也是直溜溜的，和其他所有鸟儿一样。可等它们长大一点儿，开始自己啄食球果里的种子了，那张嘴巴就渐渐弯曲起来，最后交叉到一起。然后，一辈子都不会再改变了。那么，这样的嘴巴有什么好处？

你想想啊，用这张交叉的弯嘴巴把种子从球果里夹出来，是不是方便极了！这样一来，为什么交嘴雀一辈子都在树林里流浪，你明白了吧？

因为它们要四处寻找食物，看哪儿的球果结得最多、最好，就飞到哪儿。

那么，这些和它们能在冰天雪地中唱歌、舞蹈、孵育下一代又有什么关系呢？当然有关系了。冬天，到处都有球果，巢里又有的是柔软的羽毛、兽毛，它们为什么不歌唱、不孵育下一代呢？

所以我们要说，在寒冷的冬

天，谁要是不怕冷，又有足够的食物，谁就可以不服从森林里的规则了！

对了，还有一件事要告诉你：那就是一只交嘴雀死后，它的尸体即使过上很多年，也不会腐烂，就像是一具木乃伊！这是因为它们一辈子都是靠球果为食。而在那些球果里含有大量松脂。吃得久了、多了，那些松脂就会渗入它们的皮肤里。埃及人不就是往死者身上涂松脂，将他们的遗体变成木乃伊的吗？

狗熊找到的好地方

秋天的时候，狗熊在一座长满小云杉的山坡上，给自己找了个好住处。它先用脚爪抓下许多窄窄的云杉皮，运到山坡上的一个小坑里，

在坑里铺上柔软的苔藓。接着，它又将小坑周围的云杉啃倒，盖在坑顶上。然后，它便钻进这个舒服的家里，睡觉了。

可是，只过了不到一个月，它就被猎狗找到了。经过一番激战，它好不容易从猎人手下逃脱。但是，它还没睡着，又被猎人找到了。

于是，这只狗熊只好第三次藏起来。这回，它找到了一个好地方，谁也找不到了。

直到春天，猎人们才发现，这只熊竟然躲到了大树上！这棵树的树干，不知什么时候被暴风吹断了，就倒着长起来，形成了一个大坑。夏天，大雕曾经把树枝和茅草叼到坑里，孵完雏鸟后，飞走了。谁知，这只熊竟然找到了这里，安稳地度过了一个冬天！

chéng shì xīn wén

城市新闻

免费食堂
miǎn fèi shí táng

这会儿，鸟儿都在挨饿受冻呢！好心的人们准备了许多免费食堂，有的在自家的院子里摆上盛着谷粒和面包屑的筐箩，有的在窗台上挂满细线，上面拴上面包块或牛油。不久，那些青山雀、白颊鸟什么的，就会飞到这里来享用免费的食物了。

学校的森林角
xué xiào de sēn lín jiǎo

现在，你无论到哪个学校，都可以看到一个森林角。这里有许多罐子、箱子和笼子，里面

养着各种各样的动物，都是孩子们夏天郊游的时候捉来的。这时候，孩子们可忙坏了！这么多的小动物，每一只都得让它们吃饱喝足，还要为它们准备好舒服的住宅，而且要看管好它们，防止它们逃跑。

在一个学校里，孩子们还给我看了他们的观察日记。

6月7日

今天，我们贴出一张宣传画，好让大家把捉来的动物全都交给值日生。

6月10日

屠拉斯带来了一只啄木鸟，米龙诺夫带来了一只甲虫，贾弗里诺夫带来了一条蚯蚓，雅克甫列夫带来了一只瓢虫，包尔切则带来了一只篱雀的雏鸟……

6月25日

我们到池塘边去郊游，在那儿，我们捉到了许多蜻蜓的幼虫。另外，我们还捉到了一只蝾螈，这可是种稀奇的动物，正是我们所需要的。

我看到，每一页差不多都是这样的内容，有些孩子甚至还把捉到的动物描述了一番，比如：

我们收集了许多青蛙，它是我们的好朋友。它有四只脚，每只脚上有四个趾头。它的眼睛乌黑发亮，鼻子是两个小洞，耳朵很大。

冬天，孩子们合伙从商店里买了好些我们这里没有的动物，如乌龟、金鱼、天竺鼠等。现在，森林角成了真正的动物园。为了见识更多的动物，各个学校还开展了交换活动。比如，一个学校有许多鲫鱼，而另一个学校则养了不少兔

子。于是，他们便进行了交换——四条鲫鱼换一只兔子。

上面这些都是低年级的孩子干的事。

至于那些高年级的孩子，有另外的组织——少年自然科学家小组。在列宁格勒，差不多每个学校都有这样的小组。在小组里，孩子们学习怎样观察动物和植物，怎样制作动物标本，怎样采集和制作植物标本。

每到暑假，小组的成员们还会乘坐各种交通工具，到离列宁格勒很远的地方去考察。每个人都有自己的工作，有的采集标本，有的捉小动物，有的寻找鸟巢，还有的捕捉蝴蝶、甲虫等。不但如此，他们还将自己所观察到的情况详细地记录下来。

钩钩不落空

你说奇怪吗？这时候，竟然还有人钓鱼！

其实，说起来也不奇怪，因为并不是所有的鱼都会冬眠。有许多鱼，即使在三九天也照样很精神！比如山鲇鱼，整个冬天都在游动，甚至还会产下鱼子！

在这个季节，最容易钓的是那些鲈鱼，但最难钓的，也是那些鲈鱼。容易是因为它们很好上钩，困难是因为它们的洞穴都很隐蔽，只能根据某些迹象才能判断出它们藏在哪里。

这些迹象总体来说有以下几点：

如果河道是弯曲的，那么在又高又陡的河岸

下，准会有个深坑。冬天，鲈鱼成群结队地游到这里。如果是在清澈的湖泊或林中小河里，那么，在那些比湖口或河口低的地方，也会有个坑，鱼儿就藏在那里。

找到这些地方后，你还要用铁锤在冰面上凿一个20～25厘米深的孔，再把缠在钓丝上的鱼钩伸到这个孔里，探探水有多深。然后再把钓钩不停地上下拖动。鲈鱼如果看到这个钓钩，就会一个纵身扑上去，将鱼饵和鱼钩一起吞下去。

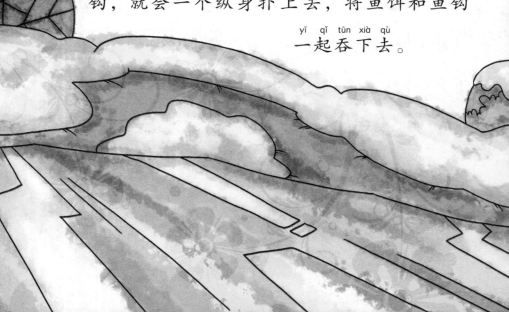

不过，这个方法只能钓鲈鱼，如果你想钓山鲶鱼，就得准备好冰下捕鱼器了。所谓冰下捕鱼器，就是一面短短的立网，也就是在一根绳子上竖着系几根绳子，每根绳子之间大约相距60～70厘米。再在这些绳子的一头拴上一个坠子，上面挂些小块的鱼肉当饵，垂到水底。

接着在那根横向绳子上绑个棍子，横卡在冰窟窿上。随后，你就可以回家了。

第二天早上，你再来的时候，只要把棍子提起来，就会看到绳子上挂着一条很长的大鱼，扁扁的身子布满斑纹，下巴上还长着胡子，这就是山鲶鱼。

shòu liè
狩猎

打猎时的惊险事

有一回，一个护林员发现了一个熊洞，于是，他从城里请来了一位猎人。他们带着两只北极犬来到一个大雪堆前，熊就睡在这个雪堆底下。猎人按照打猎的常规，站在雪堆一边。通常，熊从洞里蹿出来的时候，总是向南侧跑，猎人站在雪堆边，就可以准确地将枪弹射进它的心脏。

看猎人都准备好了，护林员撒开了两只猎狗，自己则躲到了雪堆后面。猎狗狂吠着，朝雪堆冲过去！随着它们的叫声，一只巨大的黑色手掌从雪堆里伸了出来，紧接着，一个黑影从洞里蹿出来！可这一次，它并没有蹿向一旁，而是直接朝猎人扑过去。它把猎人撞了个四脚朝天，然后伸开巨大的手掌，朝猎人的头上抓去！

这个时候，那个护林员早就吓呆了，他一边高声喊叫，一边挥舞着手里的猎枪。可是他没法开枪，因为枪弹可能会打到猎人身上！突然，那只熊嘶吼着打起滚来，一把短刀扎在它的肚子上！我们不能不说，这是一个沉着的猎人，他虽然被熊扑倒在地上，但还是伺机把短刀扎进了它的肚子！

不管怎么样，猎人的命总算保住了。只是现在，他的头上总是包着一条暖和的头巾。

猎熊

1月27日，塞索伊奇从森林里出来后，并没回家，而是径直去邮局发了一封电报。电报是发往列宁格勒的，收信人是塞索伊奇的一个朋友——一位医生，也是一个猎熊专家。电报的内容是这样的：发现熊洞，速来。

第二天，回电来了：2月1日，我们准到。

在这期间，塞索伊奇每天都会到熊洞察看。这会儿，熊睡得正香。洞口的小灌木上，每天都结着一层霜花，那是熊呼出来的热气形成的。

1月30日，在从熊洞回来的路上，塞索伊奇碰到了安德烈和谢尔盖，他们是去森林里猎灰鼠的。塞索伊奇本来想告诉他们，不要到熊洞旁去。可转念一想，他又改变了主意：这两个小伙子对什么事都很好奇，要是让他们知道了，说不定反倒更想去看呢。于是，塞索伊奇闭上嘴，没说话。

31日早晨，塞索伊奇照例来到熊洞旁。可是，他立刻惊叫起来："熊洞被捣毁了，熊也不见了！"在距离熊洞50步远的地方，一棵松树倒在地上。塞索伊奇马上明白了：一定是安德烈和谢尔盖！他们打死了一只灰鼠，结果，灰鼠被挂在树枝上，于是，他们就砍倒了松树。熊被松树倒地的轰隆声吵醒，跑掉了！

塞索伊奇看到：在松树的一边，是两条滑雪板的印迹，在另一边，则是熊的脚印！很明显，两个猎人并没有发现熊。塞索伊奇一会儿也

没耽搁，立即顺着熊的脚印追了下去。在一片小树林里，熊的脚印消失了。塞索伊奇围着树林转了一圈，便回家了。

第二天晚上，三位客人来到塞索伊奇家。他们一个是医生——塞索伊奇的朋友；另一个是位上校，他也见过；第三位是一个没见过面的中年人，他身材魁梧，留着两撇油亮的胡须。第一眼见到他，塞索伊奇就不太喜欢他。

"瞧他那副神气劲儿！"塞索伊奇一边打量着这位客人，一边想，"看样子年纪不小了，可还是红光满面，活像只好斗的公鸡！"

不过，让塞索伊奇感到最难堪的是，要在这位庄严的客人面前承认自己的疏忽——把熊看丢了！

"还好，我已经找到了它藏身的那片小树林。树林里没有出来的脚印，它肯定还在那里。"塞索伊奇说。

听了这话，陌生的客人皱了皱眉头，说："那只熊大不大？"

"至少有200千克，我敢保证！"塞索伊奇回答。

陌生的客人轻哼了一声，说道："说是请我们来掏熊洞，结果，熊却跑了！这回好了，变成围猎了！唉，还不知道围猎的人会不会把熊往猎人面前撵呢！"

这话刺痛了塞索伊奇，他暗暗地想："撵是没问题。只是你要留点儿神，别让狗熊把你撵跑了！"

这会儿，上校和医生已经坐下了，四个人开始讨论围猎的计划。

"打这样的野兽，每个猎人的后头，最好再跟个后备猎手！"塞索伊奇提醒道。

陌生的客人轻蔑地看了塞索伊奇一眼，说："谁要是不相信自己的枪法，就不该去围猎！打猎的后面还跟着个保镖，没听过！"

"胆子可真大！"塞索伊奇心想。不过，他还没开口，上校就说话了："小心点儿总不会错的。"医生也点头表示同意。

"随你们的便！"陌生的客人不屑地撇了撇嘴说。

第二天，天还没亮，塞索伊奇就叫醒了三个猎手，接着便出去召集围猎的人。

当他再回来时，那个陌生的客人正从一个覆盖着绿丝绒的箱子里往外拿枪。那是一杆双筒猎枪。看到这支枪，塞索伊奇的眼睛都亮了：这么好的枪，他还从来没见过呢！

陌生的客人并不看塞索伊奇。他一面摆弄着自己的枪，一面和上校聊天，说他的枪多么精致，他的枪法多么厉害，又说他是如何在高加索打野猪，又是怎么在远东打老虎的。

塞索伊奇虽然脸上不动声色，但心里却羡慕得不得了。他真想挨近一点儿，好好瞧瞧那支枪。不过，他最终也没有开口请那位陌生的客人把枪借给他看看。

天微微发亮了。一队雪橇从村子里出来，直奔树林。塞索伊奇坐在最前面的雪橇上，后面是

四十个围猎人。三个猎手跟在最后边。

在距离小树林一千米远的地方，队伍停了下来。塞索伊奇踏上滑雪板，悄悄滑到树林边，还好，没有熊走出林子的脚印。于是，他返回去，布置围猎的人。

围猎熊，可不像围猎兔子。呐喊人并不进树林子，而是围站成一排。那些不呐喊的人，则挨着他们一直站到狙击线旁，围成一个半圆。这样的话，如果熊被呐喊人赶出来，他们就会挥动帽子，将熊赶到狙击线那边。

不一会儿，围猎的人布置好了。塞索伊奇这才跑到猎手那儿，领他们去拦击的地点。拦击点共有三个，每个之间大概相隔二三十步。塞索伊奇负责把熊赶到这条一百来步宽的通道上。

医生被安排到第一号拦击点，上校被安排到了三号，那个陌生的客人则被安排到了二号。在那儿，有熊进入树林的脚印，熊应该会从那儿出来。因为它从藏身的地方出来的时候，大多是顺着自己原来的脚印走的。

安德烈站在那个陌生客人的身后。这个年轻的猎人，担任的是陌生客人的后备。

所有的猎手都穿着灰色的罩衫。塞索伊奇又嘱咐了一遍："听到呐喊人的喊声时，先不要动，要尽可能地让熊再走近些。"说完这些，他这才转身朝围猎的人走去。

半个小时后，林子外响起围猎的号角，随着这号角声，围猎人一起呐喊起来。这时，塞索伊奇已经踏上滑雪板，和谢尔盖一道飞也似地

滑进树林，去撵熊了。这也是围猎熊的独特地方：必须有人将熊从它藏身的地方撵出来，让它朝猎手的位置跑去。

早些天，塞索伊奇已经通过脚印得知，那是一只很大的熊。可是，当看到那个巨大的黑色脊背时，他还是忍不住打了个哆嗦。

随后，他朝天放了一枪，和谢尔盖两个人一起高喊起来："来啦！"

紧接着，他跟在熊的后面撵过去，想将它撵到猎手站立的位置，可一切都是白费劲，在深入膝盖的雪地上，想要追到熊，根本就不可能！不一会儿，那熊就从塞索伊奇的视线里消失了！所幸，没过两分钟，塞索伊奇便听到了一声枪响！他使劲儿抓住距离自己最近的一棵小

云杉，才让脚下的滑雪板停了下来。

围猎结束了吗？熊呢？打死了吗？

塞索伊奇正在猜想，第二声枪响了！接着是一声凄惨的嚎叫。塞索伊奇拼命地向前滑去！当他跑到中间那个拦击点的时候，看到上校、医生和安德烈，正抓着死熊，将熊从那个陌生客人的身上抬起来。

事情是这样的：

熊被塞索伊奇和谢尔盖攒出来，顺着自己的脚印径直冲向第二个拦击点。本来，这个时候，猎手应该沉住气，等熊距离拦击点十几步的时候再开枪。可是，那个陌生的客人一看到熊，立刻慌了神，在熊距离他还有六七十步的时候便开枪了，子弹打在了熊的后腿上。这个大家伙顿时发起狂来，吼叫着朝开枪的人扑去！陌生的客人更慌了，竟然忘了自己的枪里还有子弹，把枪一扔，转身就跑。这时，熊已经到了，它使出浑身的力气，朝陌生客人的后背拍去！这时，安德烈这个后备猎手表现出了惊人的胆量，他沉着地把自己的猎枪杵进熊的嘴巴里，扣动了扳机。谁知，猎枪竟然没响！情况危在旦夕！这时，第二声枪响了！是上校发出的！随着这声枪响，熊整个跳起来，在空中停了一小会儿，便轰隆一声掉下来，像一座小山，压到了陌生客人的身上。

上校的子弹打中了熊的太阳穴。这个大家伙立即就送了命！

这时，医生也跑过来，他和上校、安德烈

三个人用力抓住死熊，想把它挪开，把它身底下的陌生客人救出来。塞索伊奇就是在这个时候赶到的。他急忙冲上去，帮忙一起拉。

巨大的熊尸被挪开了，大家把陌生客人挽出来。他还活着，但脸色像纸一样苍白！他低着头，原先的神气早就消失不见了！

大家把他扶上雪橇，送回了村子。在村子里，他住了一晚上，第二天，便拿着熊皮走了。不管医生怎么劝他再多住一天，他也不听。

"这回我们可失算了！"塞索伊奇讲完这件事，又若有所思地说，"真不该叫他把那张熊皮拿走。这会儿，他肯定拿着那张熊皮到处夸口，说他是如何帮我们除掉这只熊的！"

No.12

忍受残冬月

RENSHOU CANDONG YUE

12个月的欢乐诗篇
——2月

2月——冬蛰月！这是冬季的最后一个月，也是最可怕的一个月！狂风卷着暴雪在地上奔跑，所有的野兽都在消瘦！

白雪——这个本来帮助那些野兽保暖的朋友，现在却变成了催命的敌人！白天，它们还是松松软软的，于是，那些山鹑、榛鸡、琴鸡，便一头扎进深雪里，在雪里过夜，因为那儿暖和呀！可到了晚上，寒气袭来，雪面上冻上了一层冰壳。这个时候，就是鸟儿们把脑袋撞扁了，也休想从下面钻出来！

咬牙熬下去

这是森林年里的最后一个月，也是最艰难的一个月。所有林中居民的存粮，都差不多吃光了。那些因为饱食了一个秋天而养得肥肥胖胖的走兽，也都变得虚弱不堪。它们身上那层厚厚的脂肪已经不见了。长期饥寒交迫的生活，耗尽了它们的体力，现在，它们走起路来摇摇晃晃，皮毛也失去了光泽。

还有狂风，它夹杂着暴雪满林子乱撞乱窜，好像故意和动物们为难。没有办法，这个冬天只剩下一个月的时间了，它要抓紧最后这段日子展现它的威严。因为，只要春天一露头，

它就要收拾东西回去了！

可现在还不是时候，天气仍旧一天比一天

冷，森林里到处都是冻僵的尸体。甲虫、蜘蛛、

蜗牛、蚯蚓，它们是被狂风从藏身的地方扫出

来的！还有那些小兽，风吹毁了它们的巢穴，吹

掉原来盖在它们身上的雪被，吹僵了它们的血

液，它们就这样倒在了冰冷的寒风里！还有乌

鸦，它们是多么坚强的鸟啊！可在多日的暴风

雪之后，你会发现，它们也被冻死在雪地里。

我们不禁有些担心：这些在饥寒交迫中挣

扎的飞禽走兽，能不能熬到天气转暖？

为此，我们的通讯员走遍了整座森林。在冰底下的淤泥里，他们看到了许多青蛙。这些小家伙看起来就像是玻璃做成的，只要轻轻一碰，细细的小腿儿就"咔吧"一声折断了。

可是，当我们的通讯员把它们带回家，放到温暖的盒子里后，不一会儿，它们又慢慢苏醒过来，一天后就能在地上乱蹦乱跳了。看来，只要等到春天，太阳把冰晒化，把水变暖，它们恢复健康是没有问题的。

滑若镜子的冰地

长期的严寒之后，太阳露头了。地上的雪变得蓬松起来。一群灰山鹑落在这蓬松的雪地

上，毫不费力地就为自己刨出了几个温暖的洞，然后，它们一头钻进洞里，睡着了。

半夜，天又突然变冷了。融化的雪水重新被冻成冰壳，又硬又滑，好像一面坚实的镜子。这时候，灰山鹑正缩在温暖的地下洞穴里，睡得香呢。

第二天早上，灰山鹑睡醒了，真暖和，只是有点儿喘不过气来。还是起来吧，到外面去透透气，找点儿吃的。可是，有什么顶在头上啊？硬硬的、光光的，原来是一层冰壳！灰山鹑着急了，伸出小脑袋，使劲儿向冰壳撞去，直到撞得头破血流！这也没办法，总得冲出这个冰壳子啊！

唉，这时候，谁要是能逃出这个冰做的牢

笼，哪怕是饿着肚子，也是幸运无比的！

瞌睡虫

在托斯那河沿岸，靠近十月铁路的萨勃林车站，有一个巨大的岩洞。早年，人们曾经在这里挖过沙子，可现在，已经没人来这儿了。

那天，我们的森林通讯员走进这个洞穴，发现洞顶上有许多蝙蝠。它们头朝下、脚朝上，爪子紧紧抓住粗糙不平的洞顶，整个身子藏在大翅膀下，睡得正香，它们已经睡了5个月了。

蝙蝠睡了这么长的时间，让我们的通讯员有些担心。于是，他摸了摸这些蝙蝠的脉搏，还为它们量了量体温。夏天，蝙蝠的体温和我们人类的一样，也是37℃左右，脉搏是每分钟200

次。可现在，我们的通讯员发现，它们的体温只有 5℃，脉搏每分钟也只有 50 次。

尽管如此，在它们的身上，生命的迹象却依然明显，它们只是在昏睡。只要再过上一个月或是两个月，它们就会醒来的。

轻装 上阵

今天，在一个僻静的角落里，我发现了一棵款冬。天气这么冷，它的衣裳却非常单薄——鳞状的小叶片，蜘蛛丝一样的绒毛，茎秆上竟然还顶着一朵小花儿！

你或许会感到奇怪：到处都是雪，哪儿来的款冬呢？

别着急，我不是说了嘛，是在一个僻静的角

落里。具体地点是一幢大楼的南墙底下，而且是在暖气管子通过的地方。在那儿，一点儿雪也没有！

透透气儿吧

只要天气稍微暖和一些，森林里的雪底下就会爬出来许多小动物——蚯蚓、海蛆、蜘蛛、瓢虫，还有叶蜂的幼虫等。它们往往选择去那些风吹不到的角落，活动活动腿脚，或是找些吃的。不过，只要寒气一来，它们立刻就会躲的躲，藏的藏，消失得无影无踪。

从冰窟窿里探出头来

一个渔夫正走在涅瓦河口芬兰湾的冰面

95

上。当他路过一个冰窟窿的时候，看到里面探出来一个脑袋，油亮油亮的，还稀稀疏疏地长着几根胡子。

渔夫吓了一跳，还以为是哪个溺水而死的人呢！不过，他马上就知道自己错了，因为那个脑袋突然转过来，只见紧绷绷的脸皮、光闪闪的绒毛，一对亮晶晶的小眼睛还直直地盯着渔夫呢，原来是一只海豹！

平时，海豹总是待在水底下，只有想喘口气的时候，它们才会把脑袋探出水面一会儿。

解除武装

现在，麋鹿的犄角已经脱落了，是它们自己弄下去的——它们找到一棵大树，低着头，将犄角在树干上蹭呀蹭呀，犄角就这样掉了。

有两只狼正好看到这一幕。它们互相看了一眼，决定向这只已经没了武器的"林中大汉"发起进攻。在它们看来，这只麋鹿已经是它们的口中餐了。

果然，战斗不一会儿就结束了，只是结果出人意料。麋鹿抬起两条结实的前腿，踢碎了一只狼的脑袋，然后一个转身，将另一只狼也踢倒在地。那只狼挣扎了半天，才爬起来，逃进了林子。

喜欢洗冷水澡的小鸟

在一条小河边，我们的通讯员看到了一只黑肚皮的小鸟。

那天早上，天冷得可怕！我们的通讯员不得不三番五次地捧起雪来，摩擦冻僵了的手和冻得发白的鼻子。

因此，当他看到那只小鸟兴高采烈地在冰面上唱歌时，不禁感到非常奇怪。

于是，他走近些，想看个仔细。谁知，那只小鸟蹦了一下，然后一个猛子扎进了冰窟窿。

"这下坏了！它会被淹死的！"我们的通讯员嘀咕着，跑到冰窟窿旁，想救起那只发了疯的鸟儿。

可他看到什么了呢？那只小鸟正挥动着翅膀，不慌不忙地划着水。黑色的脊背映着雪白的冰面，好像一条银鱼。只见它在水面上划了几下，便一个猛子扎到河底。

过了好一会儿，它才从另外一个冰窟窿里钻出来，跳到冰面上，又若无其事地唱起歌来。

"难道这里连着温泉？"我们的通讯员想着，把手伸到了小河里。可是，他马上又把手抽了出来。河水冰冷刺骨，他的手好像都要被冻掉了！

这时，我们的通讯员才明白：他面前这只小鸟是河乌。它们和交嘴雀一样，也不服从自然法则。不过，它们的秘密在于羽毛上那层薄薄的脂肪。那层脂肪就像一件防水雨衣，将冷水全都隔绝在羽毛外面。

在我们列宁格勒，河乌是稀客，只有冬天才会来。

在水晶宫里

现在，再让我们来看看鱼儿的情况吧。

整个冬天，它们都躲在河底的深坑里，呼呼大睡。河底下又舒服，又暖和，头上还有一层厚厚的冰盖，简直就像住在水晶宫里一样！

不过，如果到了2月份，它们大多会醒来一次——因为水底的空气不够了。它们必须浮到冰面下，凑到冰窟窿底下，吐几个泡泡，呼吸几口新鲜空气。因此，如果你们那里有池塘或沼泽，里面又住满了鱼，你一定要记得在冰面上凿几个冰窟窿，留着给鱼呼吸，否则它们会被闷死的！

雪底下的生命

在漫长的冬天，望着白雪覆盖的大地，或

100

许每个人都会想：在这下面，在这白雪的海洋里，有没有什么活的东西？为此，我们的通讯员来到森林里、田野中，挖去了一块白雪，露出了下面的土地。在那儿，他们看到了许多出乎他们意料的东西——各种各样绿色的小叶子、尖尖的小嫩芽！

我们的通讯员仔细辨别了一下，发现有草莓、蒲公英、荷兰翘摇、狗牙根，它们全都绿油油的。

另外，在雪坑的四壁上，我们的通讯员还发现了许多圆圆的小窟窿，这是那些小兽的交通道。冬天，它们就藏在这厚厚的雪底下，大吃大嚼，吃饱喝足后就倒头大睡。

城市新闻

修补和重建

现在，城市里到处都在忙着修整房屋，新建住宅。

老乌鸦、老麻雀、老鸽子，都在张罗着修理去年的旧巢；那些今年夏天才出生的年轻一代们，则忙着为自己修建一个新家，为孵育下一代做准备。

鸟儿们的巢各式各样，制作材料也各不相同，有树枝的，有羽毛的，有稻草的，还有马鬃的，每一个看起来都是暖暖和和的。

在屋顶上打架

在城市里，同样也能感到春天的临近。

麻雀在街上乱啄乱咬，一点儿也不理会过往的行人。鸽子挤在马路当中，啄食人们撒给它们的米粒和面包屑！

每天夜里，屋顶上总会有猫在打架，经常会有被打败的猫从大楼顶上摔下去。不过，不用担心，它们是不会摔坏的，最多摔得跛几天而已。

给鸟建食堂

冬天，在我们这里，那些鸟经常会挨饿。于是，我和同学舒拉决定为它们建造一座"食堂"。

在我家附近有许多树，经常有鸟儿飞到那

里找吃的。于是，我们就把"食堂"建在了那儿。"食堂"是用三合板做成的浅木槽，每天早上，我们都会往木槽里撒上谷粒或面包屑。

现在，每天会有很多鸟来这儿吃东西。

我们建议，全国的孩子都行动起来，为鸟儿建造"食堂"，帮助这些"小朋友"。

城市交通新闻

大街拐角的一座房子上，有这样一个记号：一个圆圈，中间有个黑色的三角形，里面画着两只雪白的鸽子。它的意思是"当心鸽子"。因为在这条大街上，经常会有成群的鸽子漫步、吃东西。

在大街上竖立牌子，提醒过往的司机注

意路上的鸟儿。这个建议最初是由一个女学生——托娘·戈尔吉娜提出来的。现在，在我们国家的许多大城市里，你都可以看到这样的牌子。市民们经常在这些牌子附近喂鸽子，欣赏这些象征和平的可爱小鸟。

返回故乡

我们《森林报》编辑部收到了从世界各地寄来的信件。有埃及的、地中海的、伊朗的、印度的，还有英国的、法国的、德国的和美国的。

信中说：那里的鸟儿已经动身返回故乡了。

它们不慌不忙地飞着，一寸又一寸地占领着从冰雪下解放出来的大地和水面，等冰消雪融、江河解冻的时候，它们就会到家的！

雪底下的童年

今天是个融雪天，我到外面去挖栽花用的泥土，顺便看了看我的小菜园子。在那儿，我种了好些繁缕。

你们知道繁缕吗？就是那种长着小小的淡绿色叶子，开小得几乎看不见的花儿，细嫩的茎总是缠在一起的小植物。

我是去年秋天播下的繁缕种子。可是，我种得太迟了，种子刚发芽，只长出了一小段茎和两片子叶，就被雪埋了起来。我以为，它们肯定被冻死了。可结果呢？它们不仅熬过了冬天，而且长成了一株株小小的植物，有的上面还顶着花蕾呢！

真是怪事！要知道，现在还是冬天呢！

迷人的小白桦

昨天晚上，飘了一阵暖洋洋、湿乎乎的小雪。雪花飘到院子里的台阶前，飘到我心爱的一棵白桦树的树干上，还有它那光秃秃的树枝上，仿佛给它披上了一件毛茸茸的外衣。

早晨，我来到院子里，发现白桦树变了，变成了一棵魔树：从树干到树枝，好像都涂着一层白釉，在阳光的照射下闪闪发光！原来，是雪融化后又被冻上了。

几只小山雀飞过来了，它们落在小白桦树上，东瞅瞅、西瞧瞧，想找点儿吃的。可是，它们脚底下却一个劲儿地打滑，小嘴巴也被戳得非常疼！它们互相看了看，叽叽喳喳地说了一通，飞走了。

太阳越升越高，小白桦树上开始滴滴答答地往下流水了。水珠闪烁着，在阳光的照射下变幻出各种色彩，顺着枝干蜿蜒而下。

小山雀又飞回来了！它们落在树枝上，小脚爪也不再打滑了。现在，它们可以舒舒服服地饱餐一顿了！

最早的歌声

一个阳光灿烂的清晨，花园里响起了早春的歌声。那是长着金黄色胸脯的荏雀，它们站在树枝上，高声唱着："晴—几—回儿！"那歌声的调子很简单，但听起来却是那么欢快，就好像在告诉人们："脱掉大衣，脱掉大衣！迎接春天，迎接春天！"

狩猎 (shòu liè)

巧妙的圈套 (qiǎo miào de quān tào)

算起来，猎人们用枪打到的野兽，远远不及用各种巧妙的圈套捕捉到的多。一个好的猎人，有许多捕捉野兽的办法，比如设陷阱、做捕兽器等。可是，只有这些还不够，还要知道如何把陷阱和捕兽器安排妥当。那些笨头笨脑的猎人，尽管设下许多陷阱，也放置了好几个捕兽器，但那里面总是空空如也。只有那些足智多谋的猎人，才能每次都让野兽乖乖地进入圈套。

要想弄到钢制的捕兽器很容易，只要去买就行了。可要是想学会正确地安置它，就困难

多了。

首先，要把它摆对位置——摆在那些兽洞旁边、野兽来往的小路上，还有有许多野兽足迹会聚和交叉的地方。

其次，得知道怎样准备和安置捕兽器。比如捕捉那些聪明的黑貂、猞猁狲，就得先把捕兽器放在松柏或者云杉的汁液里煮一煮，然后戴上手套，把它摆放好，再铲点儿雪盖住它。要是不这样，那些嗅觉灵敏的野兽就会闻出人的味道，或是钢铁的气味儿。

另外，要是想往捕兽器里放诱饵，也得知道哪一种野兽爱吃什么。然后再根据它们的喜好放置老鼠、肉或是干鱼。

活捉小野兽

猎人们设计出了许多捕捉那些小野兽（像白鼬、伶鼬、貂等）的捕兽笼。其实，制作它们并不是一件很难的事情，只要抓住它们的特点——让小野兽进得去，出不来，每个人都会制作。

你可以拿一个不大的长方形木箱，或是一个木筒，在一头儿开个口，口上拴上一扇用金属丝做成的小门。记住，小门一定要比入口稍微长一些。然后，将这扇小门斜着立在入口处，下面插入木箱（或木筒）里，就可以了。

下一步就是放诱饵了。诱饵要放在木箱（或木筒）里面小野兽能看到的地方。那些小野兽闻到诱饵的香味，就会用头顶开小门，爬进去。在它后面，小门立刻就会自动关上，而且从里

面是顶不开的。这样，那只钻进去的小兽只好蹲在木箱（或木筒）里，等着你去捉它。

在这种捕兽笼里，你也可以装一块活落板，把诱饵放在里边那头堵死的顶板上。入口开得窄一点儿，上面装一个活门插。小兽从这块活落板爬进去，经过落板中心的时候（落板中心要装一个横轴，使这块板能够活动转侧），它身子底下那一半木板就会往下落，而入口那一半木板却会向上翘起。这样，当木板的上边滑过活门插时，就会把这个捕兽笼的入口堵得严严实实的，小兽再也不能钻出来。

熊洞旁又出事了

正是二月底，地面上的积雪还很厚。塞索伊奇套着滑雪板，在生满苔藓的沼泽地上缓缓地滑着。他的北极犬小霞一会儿跟在他后面，一会儿又跑到他前面，兴奋地叫着。在这片沼泽地的前方，是一片片小树林。小霞奔向其中的一片，钻到树木后不见了！不一会儿，树林里传来小霞狂暴的叫声。塞索伊奇马上明白了：小霞遇到了熊。他用力蹬了一下滑雪板，朝小霞吼叫的方

向飞速滑去。

树林深处有一大堆倒着的枯木，上面盖着积雪，小霞就对着这堆东西咆哮。塞索伊奇找了个合适的位置，卸掉滑雪板，端起了猎枪。过了不大一会儿，从雪底下探出一个黑黑的大脑袋，两只小眼睛闪着暗绿色的光！塞索伊奇知道，熊看敌人一眼之后，就会整个缩进洞里，然后再猛地往外一蹿，绕过猎人逃命。因此，猎人在熊把头缩回去以前，就得赶紧开枪。

但是，由于瞄准的时间有些匆忙，塞索伊奇第一枪并没有打中那个家伙，只是擦伤了它的脸颊！这个大个子跳出来，朝塞索伊奇猛扑过来。幸好第二枪打得很准！熊晃了一下，倒在了地上。小霞冲过去，在熊的尸体上撕咬起来。刚才，当那只熊扑过来的时候，塞索伊奇并没有顾上害怕。可现在，他觉得浑身发软，耳朵里嗡嗡直响。其实，任何一个猎人，即便他是顶勇敢的猎人，在惊险过后，都会有这种感觉。塞索伊奇深深地吸了一口冰冷的空气，好让自己清醒一些。就在这时，小霞从死熊的旁边跳开，又向那堆枯木扑过去。不过，这次它是从另一个方向扑的！

塞索伊奇一看，不由得惊呆了！从那儿又探出一个黑黑的脑袋！不过这时，小个子猎人的心神已经

镇定下来。他迅速端起枪，一枪便结果了那家伙的性命！可几乎就在同时，从第一只熊跳出来的洞口里，伸出第三个脑袋！接着，又伸出第四个！塞索伊奇慌了神！看来，这片林子里所有的熊都聚集到这堆枯木下面来了！他顾不上瞄准，就连发了两枪！匆忙之中，他看到第一枪打中了第三只熊的脑袋，而另一枪却打中了小霞。那时，它正好跳过去！

这时候，塞索伊奇觉得自己已经瘫软掉了。他扔掉手里的枪，向前迈了几步，便摔倒在第一只熊的尸体上，失去了知觉。

不知道过了多久，塞索伊奇醒了过来。迷迷糊糊中，他觉得有什么东西钳住了他的鼻子，弄得他很疼。他伸出手，想捂住鼻子，却碰到了一个毛烘烘、热乎乎的东西！他竭力睁开眼睛，只见一对暗绿色的眼睛正盯着他！塞索伊奇吓得大叫起来。他使劲儿把鼻子从那张大嘴里挣脱开，爬起来，跌跌撞撞跑出了那片林子。

好不容易回到家里，塞索伊奇一下子瘫倒了！过了好久，他才镇静下来，把刚才发生的一幕仔仔细细想了一遍，总算搞明白了整件事的经过。原来，他开头两枪，打死的是一只熊妈妈。紧接着，从另一头跳出来的是熊哥哥。这种年轻的熊大多是小伙子。夏天，它帮助妈妈照看弟弟妹妹，冬天，它就睡到它们近旁。至于最后跳出来的，是两只只有一岁左右的熊娃娃，它们和妈妈住在一起。它们还很小，只有一个十多岁的孩子那么重。可是，它们的个头已

经长得很大了，这就是慌乱中塞索伊奇把它们当成大熊的原因。在塞索伊奇迷迷糊糊躺在那儿的时候，这个家庭中唯一的幸存者来到妈妈身边，把头伸到母亲的怀里找奶吃。谁知，却碰到了塞索伊奇热乎乎的鼻子，把它当成了妈妈的奶头，咂了起来。

后来，塞索伊奇把小霞葬在了那片树林里。失去小霞，他十分伤心。幸好那只剩下的熊娃娃又调皮，又可爱，于是，塞索伊奇便把它带回了家。据说，这个幸存的小家伙，一直都很依恋小个子猎人！

春天的预兆

虽然天气还是很冷，但春天的迹象已经显现出来了。积雪变成了淡灰色，上面还出现许多蜂窝状的小洞。挂在屋檐上的小冰柱却在逐渐变大。每天，这些小冰柱上都会滴答滴答地往下滴水，滴到地上，聚成了小水洼！

太阳出来的时间越来越长，阳光也越来越暖和。天空一天比一天湛蓝，天上的云朵也洗去了那层灰蒙蒙的颜色，开始变白、分层。一出太阳，窗外就会响起山雀快乐的歌声"斯克恩，舒尔克"！

夜晚，猫开始在屋顶上开音乐会，当然

还伴随着打闹与争吵。林子里，说不定什么时候，就会发出一阵欢天喜地的鼓声，那是啄木鸟在"咚咚"地敲着树干！

云杉和松树的下面，还有许多积雪。但在这雪地上，不知是谁画了许多神秘的符号和莫名其妙的图案！要是有猎人看到这些符号和图案，他们的心肯定会激动地跳起来。因为这正是森林里有名

的大胡子——松鸡的痕迹，是它们用那有力的

翅膀在雪地上划下的印记！

现在，城市里出现了候

鸟的先锋队——白嘴乌

鸦。冬天马上就要结

束了，森林里的新

年就要来到了！现

在，又要重新读一

遍《森林报》了！

图书在版编目（CIP）数据

森林报：扫码畅听版. 冬 /（苏）维·比安基著 ；华育方舟编译. 一上海 ：上海辞书出版社，2017.3

（辞海版小学生新课标必读文库）

ISBN 978-7-5326-4840-5

Ⅰ. ①森… Ⅱ. ①维… ②华… Ⅲ. ①森林—少儿读物 Ⅳ. ①S7-49

中国版本图书馆CIP数据核字(2017)第045381号

森林报·冬（扫码畅听版）

[苏]维·比安基　著　华育方舟　编译

责任编辑 / 王佳丽　　　　　封面设计 / 张亚宁　哲　倧

封面绘图 / 张亚宁

上海世纪出版股份有限公司

辞书出版社出版

200040　上海市陕西北路 457 号　www.cishu.com.cn

上海世纪出版股份有限公司发行中心发行

200001　上海市福建中路 193 号　www.ewen.co

北京富达印务有限公司印刷

开本 890 毫米 ×1240 毫米　1/32　印张 4　字数 70 000

2017 年 3 月第 1 版　2017 年 3 月第 1 次印刷

ISBN 978-7-5326-4840-5/Ⅰ · 359

定价：13.80 元

本书如有质量问题，请与承印厂质量科联系。T：010-89590578